BEI GRIN MACHT SICH IHR
WISSEN BEZAHLT

Volker Trotte

Embeddedness im Internet

Gibt es Embeddedness in internetbasieren sozialen Netzwerken?

GRIN Verlag

Bibliografische Information der Deutschen Nationalbibliothek:

Die Deutsche Bibliothek verzeichnet diese Publikation in der Deutschen National-
bibliografie; detaillierte bibliografische Daten sind im Internet über http://dnb.d-
nb.de/ abrufbar.

Impressum:

Copyright © 2010 GRIN Verlag, Open Publishing GmbH
Druck und Bindung: Books on Demand GmbH, Norderstedt Germany
ISBN: 978-3-640-76024-4

Dieses Buch bei GRIN:

http://www.grin.com/de/e-book/162080/embeddedness-im-internet

GRIN - Your knowledge has value

Der GRIN Verlag publiziert seit 1998 wissenschaftliche Arbeiten von Studenten, Hochschullehrern und anderen Akademikern als eBook und gedrucktes Buch. Die Verlagswebsite www.grin.com ist die ideale Plattform zur Veröffentlichung von Hausarbeiten, Abschlussarbeiten, wissenschaftlichen Aufsätzen, Dissertationen und Fachbüchern.

Besuchen Sie uns im Internet:

http://www.grin.com/

http://www.facebook.com/grincom

http://www.twitter.com/grin_com

TU Chemnitz - Philosophische Fakultät

Institut für Europäische Studien

Professur für Sozial- und Wirtschaftsgeographie

Seminar: Sozial- und Wirtschaftsgeographie

Sommermester 2010

Embeddedness im Internet

-

Gibt es Embeddedness in internetbasieren sozialen Netzwerken?

Vorgelegt von:

Volker Trotte

Studiengang: Bachelor Politikwissenschaft

4. Fachsemester

Abgabetermin: 27. August 2010

Inhaltsverzeichnis

1. Einleitung

Die neue Wirtschaftssoziologie, bekannter unter dem englischen Namen *New Economic Sociology* (NES), entstand nahezu aus dem Nichts. Mit dem vielzitierten Aufsatz *Economic action and social structure*[1] durchbrach Mark Granovetter[2] eine der wichtigsten Schranken der Soziologie. Er verband sein eigenes Fachgebiet mit den Wirtschaftswissenschaften. Seitdem hat sich die *NES* als wichtiger soziologischer Forschungsbereich etabliert. Dies zeigt sich besonders durch die Einrichtung einer eigenen Abteilung für *Economic Sociology* in der *American Sociological Association* im Jahr 2001[3]. Granovetter kritisiert in seiner Arbeit zum Einen die übersozialisierte Beschreibung des Verhaltens – die während der Sozialisation eines Individuums internalisierten Werte und Normen bilden die oberste Maxime seines Handelns. Zum Anderen beanstandet er die untersozialisierte Sicht, welche sich in etwa mit dem Prinzip des Homo-Economicus – alle Entscheidungen werden nach rein ökonomischen Kriterien gefällt – zusammenfassen lässt . Nach ihm definieren beide Ansätze das Verhalten der Menschen als „atomistisch" (einseitig) und „mechanisch" (starr). Diese Sichtweisen sind Gegenpole, auf ihre jeweilige Art extremistisch, welche seiner Meinung nach nicht ausreichend auf die mittlere Ebene, in welcher sich wirtschaftliches Handeln abspielt, eingehen.

An diesem Punkt setzt die *New Economic Sociology* an. Granovetter argumentiert, dass wirtschaftliches Handeln sowohl in den jeweiligen „institutionellen Strukturen und Kulturmustern"[4], als auch in den „sozialen Beziehungen und Interaktionen der Menschen"[5] eingebettet ist. Demnach wird jede wirtschaftliche Handlung in der Regel von institutionellen, kulturellen und sozialen Einflüssen begleitet. Das Konzept der

---

[1] Granovetter, Mark: Economic action and social structure, in: The American Journal of Sociology, Heft 91, No. 3 (Nov., 1985), S. 481-510, online abzurufen unter: http://www.jstor.org/pss/2780199.

[2] Granovetter ist ein zeitgenössischer US-amerikanischer Soziologe und lehrt zurzeit an der Stanford University.

[3] American Sociological Association: History of the Section on Economic Sociology, 2009, online abzurufen unter: http://www2.asanet.org/sectionecon/history.html.

[4] Mikl-Horke, Gertraude: Sozialwissenschaftliche Perspektiven der Wirtschaft, München 2008, S. 116.

[5] Ebd., S. 116.

Einbettung[6] beschreibt die Integration von Individuen und Unternehmen in den institutionellen, kulturellen, wirtschaftlichen und sozialen Kontext. Daraus ergibt sich zugleich der netzwerkbetonende Charakter der *NES*.

Neben Einbettung und Netzwerk sind weitere Schlüsselbegriffe Sozialkapital und Vertrauen. Das Konzept des Sozialkapitals beschreibt sowohl die staatliche Ebene sozialen Wohls, als auch die Qualität, Quantität und Struktur der sozialen Kontakte einzelner Individuen. In diesem Sinne werden die Verbindungen als „Kapital", als grundlegende Möglichkeit zur Investition und damit nutzenorientiert verstanden. Um soziale Kontakte langfristig zu erhalten, spielt Vertrauen eine maßgebliche Rolle, insbesondere bei wirtschaftlich motivierten Kontakten. Je mehr Vertrauen zwischen Akteuren besteht, umso enger ist die soziale Beziehung.

Die Netzwerkanalyse, als bedeutendes wirtschaftssoziologisches Werkzeug, untersucht die vorgestellten Konzepte und Begriffe, um den Zustand, die Dynamik und Komplexität von Netzwerken und ihren jeweiligen Akteuren zu erfassen und vereinfacht darzustellen. Granovetter untersuchte in der grundlegenden Studie *„Getting a Job: A Study of Contacs and Careers"* über Jobsuche und –erhalt den Einfluss des sozialen Netzwerkes von Individuen, indem er sie prozessorientiert interpretierte und „soziale Beziehungen als Ressource der Informations- und Arbeitsbeschaffung"[7] ansah. Die Studie ergab, dass qualitative Unterschiede in der Embeddedness ein wesentlicher Faktor für das Finden oder Nichtfinden schlechter, guter bzw. der besten Jobs ist.

1.1 Problemstellung

Zum Zeitpunkt der Studie 1995 begann sich das Internet gerade als Medium für Massenkommunikation und Informationsverbreitung zu etablieren. Als elektronisches Netzwerk für den schnelleren Austausch unter Wissenschaftlern am *CERN*[8] in Genf entwickelt, hatten selbige bereits früher Zugriff auf dieses Medium. In kurzer Zeit verbreitete sich das *WWW* auf alle Kontinente, in alle sozialen Ebenen und verbindet

---

[6] Häufig auch direkt als Embeddedness benannt.

[7] Mikl-Horke, S.119.

[8] Conseil Européen pour la Recherche Nucléaire, große Forschungseinrichtung für physikalische Grundlagenforschung, besonders bekannt durch den größten Teilchenbeschleuniger der Welt (LHC).

heute Menschen auf der ganzen Welt. Waren die Nutzer anfangs vorwiegend Konsumenten von im Internet veröffentlichten Informationen, so revolutionierte es sich selbst in der Mitte der 2000er. Es entwickelte sich das heute bekannte „Mitmachinternet" Web 2.0. Aus Konsumenten wurden Produzenten. Eigene Informationen können jetzt schneller und einfacher als je zuvor online gestellt werden. Als Reaktion auf die Mitteilungswünsche der Menschen entstanden Plattformen zum Pflegen und Erhalten sozialer Beziehungen – Social Networks, Blogs, Online-Tagebücher usw. Den Sozialen Netzwerken kommt an dieser Stelle besondere Bedeutung zu, da sie die größten Nutzerzahlen aufweisen. Sie sind aufgeteilt in allgemeine, allumfassende Dienste wie *Facebook* und interessenspezifische wie etwa *MySpace* für Musiker, *YouTube* für Film oder die in Deutschland bekannten, unterschiedlichen *VZ*-Angebote für Schüler, Studenten und Berufstätige. Seit dem Entstehen dieser Portale haben Millionen von Menschen einen Teil ihres Lebens in diese virtuellen Social Networks überführt. *Facebook* als weltweit größtes Netzwerk verfünffachte nach eigenen Angaben die Anzahl seiner Nutzer innerhalb von nur 21 Monaten von 100 Millionen (August 2008)[9] auf über 500 Millionen (Juli 2010)[10]. Die Internetwelt eröffnet den Soziologen, Wirtschaftswissenschaftlern, Unternehmen und generell allen Menschen neue Möglichkeiten, wodurch sich ebenso neue Fragen ergeben. Eine dieser Problematiken wird in dieser Arbeit untersucht: Ist das Konzept der Embeddedness im Internet anzuwenden? Ist es demzufolge möglich, Einbettung in virtuellen Sozialen Netzwerken zu erreichen?

Das Konzept der Einbettung wurde bereits vielfach rezipiert. Weiterhin wurden viele Untersuchungen über den Einfluss des Internets allgemein auf verschiedene Teilbereiche der Wirtschaft durchgeführt. Beispielsweise *„Embeddedness and escape: Internet and mobile use as poverty reduction strategies in Ghana"*[11] in welcher Slater und Kwami sich mit der einbettenden Funktion von Mobiltelefonen und Internet als

---

[9] Vgl. Zuckerberg, Mark: Our First 100 Million, 2008, online abzurufen unter: http://blog.facebook.com/blog.php?post=2811272130.

[10] Vgl .Zuckerberg, Mark: 500 Million Stories, 2010, online abzurufen unter: http://blog.facebook.com/blog.php?post=409753352130.

[11] Slater, Don, Kwami, Janet: Embeddedness and escape. Internet and mobile use as poverty reduction strategies in Ghana, 2005, online abzurufen unter: http://zunia.org/uploads/media/knowledge/internet.pdf.

Möglichkeit der Armutsminderung beschäftigen. Ein weiteres Beispiel ist Ulrike Schultzes *Self-Serve-Internet Technology and Social Embeddness: Balancing Rationalization and Relationships*[12], in welcher Sie sich mit internetbasierten Selbstbedienungstechnologien und sozialer Embeddedness, als Voraussetzung für wirtschaftlichen Erfolg auseinandersetzt. Die Recherche ergab, dass der Aspekt der Embeddedness in Sozialen Netzwerken im Internet bisher weitestgehend unerforscht ist. Eine Untersuchung dieser Problematik ist insofern von Bedeutung, da sich z. B. für Unternehmen verschiedene Möglichkeiten der wirtschaftlichen Nutzbarmachung von Online-Netzwerken ergeben.

1.2. Aufbau

Zum wesentlichen Verständnis der Fragestellung, werden zu Beginn eine Einführung in das Konzept der Embeddedness gegeben und die Anforderungen für internetbasierte Soziale Netzwerke aufgestellt und erläutert. Auf diese Anforderungen hin, welche Grund- sowie Qualitätsmerkmale beinhalten, werden die drei Sozialen Netzwerke *Facebook*, das deutsche *StudiVZ* sowie das Karriereportal *XING* untersucht. Diese Angebote sind aufgrund ihrer differenzierten Zielgruppen als Beispiele besonders interessant. Es sollen die Ziele jeder Plattform aufgezeigt, ebenso wie die Möglichkeiten des Informationsaustausches, des „Lebens" auf der Plattform, aufgezeigt werden. Auf Grundlage der Untersuchungsergebnisse erfolgt die Einschätzung der drei Portale hinsichtlich ihrer Eignung zum Embedding. Die Erscheinungsform der Embeddedness im Rahmen der Social Networks wird kritisch diskutiert. In diesem Rahmen erfolgt ein abschließender Ausblick auf die Zukunft der *New Economic Sociology*.

2. Das Embeddedness-Konzept

Die bereits in der Einleitung beschriebene Grundlage des Konzeptes wurde in den Forschungen zu *Strong And Weak Ties* praktisch angewendet. *Strong and Weak Ties* beschreiben starke und schwache Bindungen zwischen Individuen oder Unternehmen. Schwache Bindungen sind an sich lose gepflegte Kontakte. Sie

---

[12] Schultze, Ulrike: Self-Serve-Internet Technology and Social Embeddness. Balancing Rationalization and Relationships, Dallas 2002, online abzurufen unter: http://seeit.mit.edu/Publications/Schultze_ICIS.pdf.

entstehen, wenn das Gegenüber beispielsweise in einer anderen Branche oder einem anderen Standort arbeitet, beiziehungsweise sonstige soziale wie regionale Entfernungsvariablen aufweist. Starke Bindungen finden sich klassischerweise innerhalb von Familien, sowie unter engen Freunden und Vertrauten oder Unternehmen der gleichen Branchen, zu denen regelmäßiger Kontakt besteht.

Basierend auf der Studie *Getting a Job* stellte Granovetter strukturelle Embeddedness aus Sicht eines Unternehmens in drei Stufen dar:

- Das „Marktnetz" ist nur durch schwache Beziehungen zwischen den Teilnehmern charakterisiert. Es existieren keinerlei starke Bindungen und kein intensiver sozialer Kontakt. Daher ordnet er es als „underembedded" ein.

- Das „integrierte Netzwerk" besteht sowohl aus Marktbeziehungen, als auch aus embedded – stärkeren sozialen – Beziehungen, weshalb es als „embedded" verstanden wird.

- Das „starre Netzwerk" besteht nur aus embedded-Beziehungen. Jeder vorhandene Kontakt ist stark sozial determiniert. Die bedingt ist eine gewisse Starre des Netzwerkes, aufgrund fehlender Innovationsfähigkeit, weshalb es als „overembedded" bezeichnet wird.[13]

Mit jedem Typus ist ein bestimmter Informationsfluss und damit die Nähe zum Markt verbunden. Das Marktnetz birgt die Nachteile geringen Informationsflusses, da zu wenige soziale Kontakte bestehen und niemand einem „Unbekannten" Informationen zukommen lassen würde. Dieses ändert sich im integrierten Netzwerk. Da sowohl Markt- als auch soziale Beziehungen vorhanden sind, ergibt sich ein Informationsfluss, welcher Marktinformationen und im Idealfall auch marktferne Informationen liefert und somit für einen differenzierten Überblick sorgt. Im „overembedded-Netzwerk" ist der Informationsfluss sehr marktspezifisch, da die losen Verbindungen zu anderen Märkten fehlen.

---

[13] Vgl. Bathelt, Harald / Glückler, Johannes: Wirtschaftsgeographie, 2. Auflage, Stuttgart 2007, S. 167.

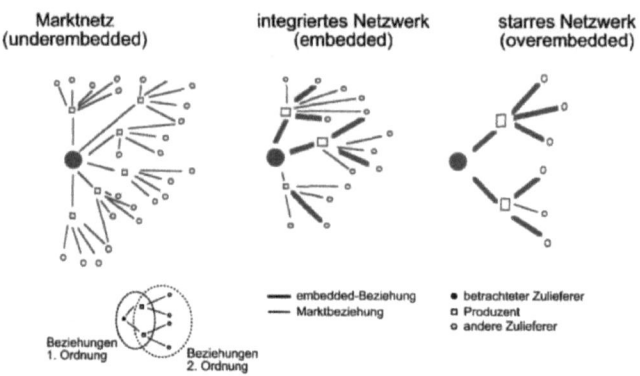

Abb. 1 : Strukturelle Embeddedness aus der Sicht eines Unternehmens[14]

Bevor aus einzelnen Beziehungen größere Netzwerke werden können, muss die Möglichkeit existieren, miteinander zu kommunizieren. Früher, vor der Entwicklung von Telefon und Internet, blieben den Menschen nur der mündliche Kontakt zu regional ansässigen Händlern, sowie der schriftliche Kontakt zu weiter entfernten Marktteilnehmern. In Zeiten moderner Telekommunikation sind regionale Grenzen nahezu aufgelöst und die Kommunikationswege breit gefächert. Dadurch sind die Möglichkeiten der Vernetzung vielfältiger als je zuvor. Das Mehr an Netzwerken birgt jedoch einige Probleme, sobald diese nicht untereinander verknüpft sind. Ein Netzwerk allein bleibt auf Dauer ein starres, innovationsgehemmtes Gebilde. Zwischen den vielfältigen Verbindungen existieren immer wieder sogenannte „Strukturelle Löcher" – fehlende Verknüpfungen zwischen Netzwerken. Die Überbrückung derartiger Kommunikationslöcher sieht Ronald Burt[15], Structural-Holes-Theoretiker, als „effizienteste Form der Informationsbeschaffung für Wettbewerbsvorteile"[16]. Menschen, die es schaffen derartige Löcher zu schließen

---

[14] Darstellung nach Uzzi, Brian: Social structure and competition in interfirm networks. The paradox of embeddedness, in: Administrative Science Quarterly, Heft 42 (1997), S. 60, online abzurufen unter: https://gatton.uky.edu/faculty/ferrier/Uzzi%201997.pdf.

[15] Ronald S. Burt lehrt zurzeit als Hobart W. Williams Professor der Soziologie und Strategie an der Graduate School of Business der University of Chicago. Er veröffentlichte seine Arbeit „Structural holes: the social structure of competition" im Jahre 1992, online abzurufen unter: http://books.google.com/books?id=E6v0cVy8hVlC

[16] Mikl-Horke, S.123.

und dadurch notwendige Verbindungen herzustellen, werden als „network entrepreneurs" bezeichnet.

Zusammenfassend beschreibt Embeddedness das Vorhandensein von Markt- und/oder sozial determinierten Beziehungen. Je nach Schwerpunkt dieser Mischung, ist das Individuum oder die Organisation under-, overembedded oder idealerweise integriert. Löcher zwischen Netzwerken zu überbrücken stellt eine hervorragende Möglichkeit zum Erhalt von Wettbewerbsvorteilen durch Informationsvorsprung dar.

3. Embeddedness im Internet

Um Embeddedness überhaupt möglich werden zu lassen, sind im Folgenden drei unterschiedliche Basisanforderungen an soziale, internetbasierte Netzwerke gestellt worden:

- Hinreichend große Anzahl von Mitgliedern verschiedener Herkunft, Berufszweige, Lebenssituationen etc.
- Möglichkeiten zur Kommunikation unter den Teilnehmern
- Suchfunktion zum Finden von Mitgliedern

Die Grundlage jeder Embeddedness ist das Vorhandensein anderer Individuen. Insbesondere die Diversität der Nutzersituierung ist wichtig. Je heterogener und größer die erreichbare Nutzeranzahl, desto größer sind die Chancen, sowohl Kontakte mit ähnlichem als auch mit unterschiedlichen sozialen oder wirtschaftlichen Hintergrund finden und somit sein persönliches Netzwerk auszubauen. Die Notwendigkeit einer Kommunikationsmöglichkeit liegt hierbei in der Natur der Sache. Ohne Kommunikation können keine sozialen Beziehungen entstehen. Die Suchfunktion ist eine entscheidende Grundlage. Sie ermöglicht es, sowohl Freunde und Bekannte, als auch neue Kontakte schnell und unkompliziert zu finden. Im Idealfall wird im Suchergebnis direkt auf die Profilseite des Gesuchten verlinkt und eine Kontaktmöglichkeit eröffnet.

Weitere Embeddedness-beeinflussende Qualitätsfaktoren sind:

- Ermöglichung von Gruppenbildung
- Personengebundene Übermittlung von persönlichen Daten
- Datenschutz, sowohl gegenüber Mitgliedern als auch Dritten

Die Bildung von Gruppen ist die Folge gleicher Interessen oder Ziele. In Ihnen können sich sowohl Individuen mit sozialer Nähe, als auch vollkommen Fremde begegnen und Kontakt zueinander aufbauen. Die beiden wichtigsten Punkte, die personengebundene Datenübermittlung und damit einhergehend der Datenschutz, leiten sich aus dem normalen Leben ab.

Die Weitergabe von persönlichen Daten (Name, Adresse, Telefonnummer, ICQ-, Skype- usw. Kontaktdaten und Status, Beziehungsstatus, Beruf etc.) an Andere erfolgt in der Realität nach dem Grad des Vertrauens, welches dem Gegenüber entgegengebracht wird. In Social Networks kann die Weitergabe entsprechender Daten unliebsame Folgen haben, weshalb die Möglichkeit vorhanden sein sollte, dass der Nutzer selber entscheiden kann, welche Daten er wem zukommen lässt. Im Idealfall ist dies von Kontakt zu Kontakt unterschiedlich einstellbar. Eine gruppenbasierte Freigabe ist jedoch auch akzeptabel. Hierbei legt der Benutzer seine Kontakte in verschiedene selbstgewählte „Vertrauensgruppen" ab und kann jeder Gruppe unterschiedliche Sichtrechte zuweisen. Wichtig sind neben dem Vorhandensein dieser Funktionen auch deren entsprechende Sichtbarkeit, sowie die Einfachheit der Benutzung durch den Nutzer. Auf sie sollte bereits beim Erstellen eines Accounts hingewiesen werden. Weiterhin sollten die Standardeinstellungen bei einem neu angelegten Profil restriktiv gehalten sein, um unabsichtliche Datenweitergabe zu verhindern.

In diesem Zuge ist der Datenschutz des Plattformbetreibers von enormer Bedeutung. Er hat die Aufgabe das technisch unterstützte Sammeln von Daten zu unterbinden. Dazu muss er das System aktuell und technisch einwandfrei betreiben, um Hackern u.a. den unrechtmäßigen Zugang zu verwehren. Letztlich müssen alle Nutzerdaten, sowohl statische („Profilinformationen"), als auch jegliche Kommunikationsdaten, von den Betreibern unangetastet bleiben. Natürlich sind Ausnahmen in, vom Nutzer akzeptierten Datenschutzbedingungen und AGB's, insofern sie sich an geltendes Recht halten, nicht berührt. Weiterhin muss der Anbieter auf jeden Fall etwaige „Fakeprofile" – Accounts mit gefälschten, insbesondere andere Nutzer betreffenden Inhalten – löschen. Dies ist im Zuge der Plattformsicherheit besonders wichtig, da andernfalls, bei fehlender Unterstützung des Anbieters, die Möglichkeit des Identitätsdiebstahls besteht. Weiterhin sollten Profile, welche verletzende, gewaltverherrlichende, pornografische usw. Elemente enthalten schnellst möglich vom Betreiber entfernt werden. Die Nutzer können veranlasst werden, entsprechende Profile zu melden. Die im Folgenden vorgestellten Netzwerke erfüllen diese Anforderungen unterschiedlich.

3.1 Facebook

Das größte Soziale Netzwerk der Welt, *Facebook,* erfüllt die hier gestellten Anforderungen nur teilweise. Allein die schiere Größe mit mehr als 500 Millionen aktiven Nutzern und die vielfältigen Nachrichtenfunktionen, bieten eine hervorragende Grundlage für Embeddedness. Die Designstruktur bringt die wichtigsten Nachrichten und Statusänderungen, sowohl von Personen, Gruppen und Anwendungen (sog. Apps), als auch Veranstaltungen auf einen Blick. Die Wege, Kontakt mit anderen aufzunehmen, sind sehr vielfältig. Beispielsweise ist es möglich Bilder zu kommentieren, überall den „Gefällt mir"-Button zu drücken oder die Nutzer direkt anzuschreiben. Gruppen beizutreten oder selber zu erstellen und zu verbreiten ist ebenfalls sehr einfach.

Die Standard-Privatsphäre-Einstellungen, welche im Wesentlichen die Datenfreigabe regeln, sind bei einem neu erstellten *Facebook*-Account sehr locker gehalten. Seit der Gründung des Netzwerkes wurden zahlreiche Änderungen in den Privatsphäre-Voreinstellungen vorgenommen, allein drei zwischen November 2009 und April 2010. Mit jeder Änderung sind die Einstellungen des Standardaccounts liberaler und somit nahezu alle Daten öffentlich sichtbar geworden. Bis auf die Kontaktdetails und den Geburtstag, sind alle anderen Informationen (Freunde, Netzwerke, Pinnwandeinträge, Fotos usw.) für das gesamte Internet, jede Suchmaschine, einfach jeden sichtbar.[17]

Es existiert die Möglichkeit, die Datenfreigabe entsprechend einzugrenzen, allerdings erst seit Mai 2010[18]. Dadurch ist *Facebook* letztlich nicht mehr für den Datenschutz gegenüber Dritten verantwortlich – diese Aufgabe wird zwangsläufig dem Nutzer übertragen. Dieser standardmäßige Mangel an Privatsphäre ist durch den Stil

---

[17] Vgl. McKeon, Matt: The Evolution of Privacy on Facebook, September 2010, online abzurufen unter: http://mattmckeon.com/facebook-privacy/.

[18] Vgl. Hutter, Thomas: Facebook, die neuen Privatsphären-Einstellungen, Mai 2010, online abzurufen unter: http://www.thomashutter.com/index.php/2010/05/facebook-die-neuen-privatsphare-einstellungen/.

Zuckerbergs begründet. In einem Interview zu den letzten Änderungen dieser Einstellungen lässt er verlauten, dass Privatsphäre heute weniger wichtig sei und *Facebook* sich den sozialen Normen anpassen wolle.[19]

3.2 StudiVZ

Ebenso wie *Facebook* bietet *StudiVZ* die Möglichkeit anderen Benutzern Nachrichten zu schreiben (Nachrichtendienst, Pinnwand) und Fotos zu kommentieren. Durch die Anlehnung des Informationsdesigns an *Facebook* wird eine ähnliche Übersicht der Neuigkeiten generiert. Dadurch eröffnen sich reichlich Möglichkeiten, um mit den über 17 Millionen Nutzern[20] Kontakt aufzunehmen. Die Gruppen sind zentraler Bestandteil des Nutzungskonzeptes. Es existieren unterschiedliche Möglichkeiten der Administration, Sichtbarkeit und Zutrittsbeschränkung. So können sie allgemein zugänglich, erst nach Überprüfung durch den Gründer oder Moderatoren erreichbar oder ganz geschlossen und unsichtbar sein. Jedem Nutzer ist es möglich seine Privatsphäre-Einstellungen selber festzulegen. Die Einstellmöglichkeiten reichen von den vorgefertigten Status *Alles*, *Bruchstücke* und *Nichts*, bis zur Möglichkeit des selbstbestimmten Administrierens jeglicher Details, einschließlich der Sichtbarkeit von Gruppenmitgliedschaften, die Möglichkeit Nutzer zu ignorieren und Werbe-Einstellung zu verändern. Im letztgenannten Punkt ist die Auswahl auf zielgruppenspezifischer, welche die eigenen Profildaten nutzt, und nicht-zielgruppenspezifischer Werbung eingeschränkt. Durch das technisch geschlossene Design kann *StudiVZ* nicht von Suchmaschinen durchsucht werden. Die Verantwortung für den Datenschutz gegenüber Dritten verbleibt beim Betreiber.

3.3 XING

Sind *Facebook* und *StudiVZ* für den Nutzer durch Werbefinanzierung kostenlos, so bietet *XING* nur gegen Bezahlung den vollen Funktionsumfang. Nutzer des kostenlosen Accounts stehen nicht einmal die grundlegendsten Embedding-Voraussetzungen zur Verfügung. So umfasst die Plattform zwar knapp zehn

---

[19] Vgl. Spiegel Online: Mark Zuckerberg: Facebook-Boss nennt weniger Datenschutz zeitgemäß, Januar 2010, online abzurufen unter: http://www.spiegel.de/netzwelt/web/0,1518,671083,00.html.

[20] Vgl. VZnet Netzwerke Ltd, Juli 2010, online abzurufen unter: http://www.studivz.net/l/about_us/1/.

Millionen Mitglieder weltweit[21], jedoch ist es nicht möglich eigenhändig eine Nachricht zu schreiben – es kann nur auf Nachrichten geantwortet werden. Die einzige andere Kontaktmöglich besteht über Gruppen, welchen beigetreten werden kann.

Das Hauptziel *XINGs* ist es, den wirtschaftlich motivierten Kontakt unter Wirtschaftsteilnehmern zu fördern, sowie die Job- und Mitarbeitersuche zu erleichtern. Die Nutzer eines kostenpflichtigen Premiumaccounts erhalten vollen Zugriff auf die sonst eingeschränkte Suchfunktion, die Möglichkeit die Namen der Besucher des eigenen Profils zu erfahren, Jobangebote online zu stellen oder *XING*-Partnerangebote zu nutzen. Ebenso genießen sie die Möglichkeiten Nachrichten schreiben zu können und die Dateien an das eigene Profil anzuhängen. Es ist anzumerken, das die in *XING* hinterlegbaren Daten von denen in *Facebook* oder *StudiVZ* abweichen. So umfassen die Profilinformationen im Wesentlichen den schulischen und beruflichen Werdegang, Referenzen etc.

Die Privatsphären-Einstellungen richten sich hauptsächlich auf die Sichtbarkeit der Daten gegenüber dem Internet, also Nicht-Mitgliedern und Suchmaschinen. Jegliche Profilinhalte, außer den Kontaktdaten und Geburtstag, sind standardmäßig für alle sichtbar. Es ist jedoch möglich, für jeden bestätigten Kontakt einzeln die Sichtbarkeit von Profildaten einzustellen. Im Hinblick auf den Sinn des Karriereportals, ist das Konzept jedoch vorteilhaft, da diese Informationen in der Regel geteilt und verbreitet werden sollen. Dennoch liegt die Verantwortung für Datenschutz gegenüber Dritten auch hier wieder beim Nutzer.

4. Fazit

Die Untersuchung der drei Internetplattformen *Facebook*, *StudiVZ* und *XING* ergab ein sehr heterogenes Bild. Als einziges soziales Netzwerk entspricht letzteres nur teilweise den aufgestellten Grundvoraussetzungen für Embeddedness. Durch die starke Einschränkung der Kontaktmöglichkeiten bei einer kostenfreien Mitgliedschaft, disqualifiziert sich *XING* für die Mehrheit seiner Nutzer[22] als Place of Embeddedness im Internet. Die verbleibenden zwei Plattformen erfüllen die Grundanforderung für

---

[21] Vgl. XING AG, Fakten und Zahlen, Juni 2010, online abzurufen unter: http://corporate.xing.com/deutsch/investor-relations/basisinformationen/fakten-und-zahlen/.

[22] Vgl. ebd., Lediglich 718.000 von 9.6 Mio. Nutzern besitzen einen Premiumaccount.

Embeddedness, jedoch setzt nur *StudiVZ* auch konsequent alle Qualitätskriterien um. Diese jedoch entscheiden langfristig darüber, ob ein Soziales Netzwerk zukunftsfähig ist.

Dennoch bleibt zunächst festzuhalten, dass das Konzept der Embeddedness in onlinebasierten Netzwerken auf jeden Fall Anwendung findet. Diese Tatsache auf die vielfältigen sozialen wie wirtschaftlichen Entwicklungen zurückzuführen, welche die Entstehung des Internets mit sich brachte – wie die Verlagerung von Teilbereichen des alltäglichen Lebens in virtuelle Räume. Der Prozess, soziale, kulturelle und wirtschaftliche Handlungen miteinander zu verbinden, ist Ergebnis des stetig wachsenden Angebotes an Kommunikationsplattformen, Online-Shops, etc. – zusammenfassend des Web 2.0, welches die aktive Einbindung des Nutzers und deren Kontakt untereinander fördert.

Die Integration von Personen in Netzwerke mit vielfältigen sozialen und wirtschaftlichen Kontakten bietet viele Vorteile. So erleichtern sie die Kommunikation über weite Entfernungen, dienen der Freizeitorganisation oder helfen, Menschen mit gleichen Interessen/Hobbys zu finden.

In den letzten Jahren erkennen zunehmend auch Unternehmen das Potential von Social Networks. Durch das Anlegen eigener Profile, wird der Zugang zu jungen Zielgruppen erleichtert, die Firma als modern und innovativ dargestellt. Bei *Facebook* dient ein Unternehmensprofil vor allem zu Werbezwecken, so kann z.B. durch eigens entworfene Apps der Bekanntheitsgrad von Marke und Produkten gesteigert werden. Zudem haben Firmen die Möglichkeit, Nutzerkommentare aktiv in ihr Qualitätsmanagement einzubeziehen. Im *StudiVZ* werden die sogenannten „Edelprofile" besonders optisch hervorgehoben. Sie bieten einen wesentlich geringeren Funktionsumfang, jedoch können sich andere Nutzer der Plattform auf ihren Profilen eindeutig als Fans von bestimmten „Edelprofilen" outen. Entsprechend des Netzwerkzweckes, dienen Unternehmensprofile auf *XING* vorrangig der positiven professionellen Außendarstellung von Mitarbeitern und Firma. Die Accounts werden eher zur Mitarbeiterakquise und für die Knüpfung von Kontakten zu potentiellen Geschäftspartnern genutzt. Der Anspruch der Plattform an Qualität und Professionalität zeigt sich besonders in der konsequenten Werbefreiheit, sowohl für Basismitglieder als auch im Premiumbereich.

Bisher werden Social Networks besonders von jungen Menschen frequentiert. Diese setzen das Konzept der Embeddedness in ihrem täglichen Online-Leben sehr viel stärker um, als Personen aus älteren Generationen. Gerade im Bereich Jobsuche verlagern sich die Abläufe zunehmend ins Internet. An dieser Stelle sind nun auch ältere Menschen gezwungen, sich mit den Funktionen und Möglichkeiten des Web' vertraut zu machen, um auf dem Arbeitsmarkt „wettbewerbsfähig" zu bleiben. Das Konzept der Embeddedness greift – neben Stellenangeboten werden Onlineshops besucht und Foren genutzt, bis die Person schließlich mit in die virtuelle Welt eingebunden ist.

Wie bereits angesprochen spielt der Datenschutz, wenn es um die Qualität der Embeddedness geht, eine wichtige Rolle. Viele, auch technisch erfahrene Nutzer, gehen mit ihren Daten im Netz eher sorglos um. Die Übertragung der Verantwortung für den Datenschutz gegenüber Dritten auf die Plattformbetreiber ist weniger eine Entmündigung des Nutzers, als dass sie vielmehr seiner Sicherheit dient. Die Argumentation, der aufgeklärte, moderne User könne selber über die Freigabe seiner Daten entscheiden – es stünden daher ja viele Einstellungsmöglichkeiten zur Verfügung – dient an dieser Stelle lediglich dem Selbstschutz. Wie leicht ungeschützte, private Daten im World Wide Net zu finden sind, zeigen spezielle Dienste[23], die sich darauf spezialisiert haben, personenspezifische Informationen aus Social Networks, Suchmaschinen, Branchenbüchern usw. zusammenzutragen. Der Nutzer sollte sich zwar in den, für ihn am vorteilhaftesten, „integrierten Netzwerken" (siehe 2.) aufhalten, jedoch ohne dass sämtliche Informationen zu seinen Kontakte für Außenstehende sichtbar sind. Besonders bei *Facebook* führte die Datenschutzproblematik immer wieder zu erheblichen Diskussionen in den Medien. Dennoch ist momentan nicht abzusehen, dass die Plattform aufgrund ihrer Geschäftspraktiken zukünftig nicht mehr tragfähig sein wird. Das Konzept der Embeddedness wird hier auf das Ärgste missbraucht, um z.B. über personalisierte Werbung zusätzliche Gewinne zu erwirtschaften. Dabei kalkulieren die Betreiber bewusst mit der Sorglosigkeit und Bequemlichkeit der Nutzer.

Um Embeddedness als zentralen Bestandteil der *NES* künftig besser beurteilen zu können, sollte der Katalog der Qualitätskriterien wesentlich erweitert und verfeinert werden. Auf dieser allgemeinen Grundlage, können Netzwerke dann erheblich differenzierter beurteilt werden. Als Instrument steht hier die bereits erwähnte Netzwerkanalyse zur Verfügung. Insbesondere für Unternehmen ist es wichtig,

---

[23] Als bekannte Beispiele seien hier www.123people.de und www.yasni.de genannt.

angesichts der steigenden Zahl von Network-Angeboten, den Überblick zu behalten und eine möglichst zweckmäßige Wahl zu treffen. Die Mitgliedschaft in ungeeigneten Netzwerken kann verheerende Konsequenzen haben – von der Fehlinvestition umfangreicher Marketingbudgets bis hin zur dauerhaften Rufschädigung. Bevor Entscheidungen getroffen werden, sollten die Social Networks nicht nur einer Embeddedness-Analyse unterzogen werden. Weitere wichtige Kriterien sind zum Beispiel:

- der soziale Aufbau, unter Einbeziehung bereits vorhandener Unternehmen bzw. Personen und deren Verbindungen zueinander
- die Handhabung des Datenschutzes
- die Bedeutung des Netzwerkes innerhalb der eigenen Branche/ bei der Konkurrenz

Durch die Möglichkeit, mehreren Sozialen Netzwerken zugleich beizutreten und das Instrument der Netzwerkanalyse bereits vor dem Eintritt anzuwenden, steigt die Komplexität der *New Economic Sociology* erheblich. Gingen ihre Theoretiker zu Beginn noch davon aus, dass sich ein Individuum oder Unternehmen in nur einem – dem realen Netzwerk – zugleich befindet und darin auch mehr oder weniger gut eingebettet ist, so ergibt sich durch die virtuellen Social Networks eine Metaebene. Sie entsteht, wenn mindestens ein Online-Netzwerk gepflegt wird und ist umso größer, je mehr Netzwerke genutzt werden. Eine umfassende Netzwerkanalyse schließt nunmehr nicht nur die realen offline-Kontakte, sondern auch die Beziehungen jedes genutzten Internetnetzwerkes ein.

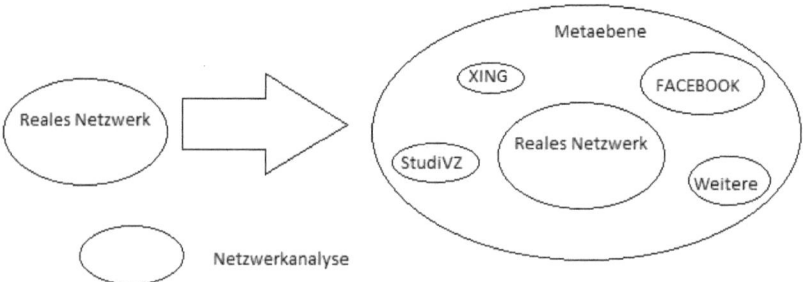

Abb. 2: Evolution der Möglichkeiten der Netzwerkanalyse (Quelle: Eigene Darstellung)

Je zahlreicher die Verbindungen auf der Metaebene werden, desto mehr offenbart sich die Komplexität und damit die Herausforderungen, welchen sich die NES gegenüber sieht. Das Konzept der Embeddedness greift auf immer mehr Bereiche

16

des virtuellen Lebens über. Die Erarbeitung weiterer Qualitätskriterien zur Verbesserung der Rahmenbedingungen für den Nutzer, ist im Angesicht der Diskussion um den „gläsernen Menschen" von hoher Bedeutung. Auch wenn Social Networks bereits in ihren grundsätzlichen Anlagen als „embedded" bezeichnet werden können, so besteht doch noch ein erheblicher Verbesserungsbedarf, vor allem auf dem Gebiet des Datenschutzes. Die Analyse der Wechselwirkungen zwischen realem Netzwerk und internetbasierten Sozialen Netzwerken ist ein weiterer Forschungsbereich, in dem die *NES* zukünftig aktiv werden sollte.

In jedem Fall müssen die Ergebnisse der wissenschaftlichen Untersuchungen, gerade im Bezug auf Embeddedness in Sozialen Netzwerken und die damit verbunden Gefahrenpunkte, sowohl für Unternehmen, als auch für Privatpersonen leichter zugänglich sein, damit diese wirtschaftlich und sozial sinnvolle Entscheidungen bei der Wahl ihrer Social Networks treffen können.

5. Quellenverzeichniss

American Sociological Association: History of the Section on Economic Sociology, 2009, online abzurufen unter: http://www2.asanet.org/sectionecon/history.html.

Bathelt, Harald / Glückler, Johannes: Wirtschaftsgeographie, 2. Auflage, Stuttgart 2007, S. 167.

Granovetter, Mark: Economic action and social structure, in: The American Journal of Sociology, Heft 91, No. 3 (Nov., 1985), S. 481-510, online abzurufen unter: http://www.jstor.org/pss/2780199.

Hutter, Thomas: Facebook, die neuen Privatsphären-Einstellungen, Mai 2010, online abzurufen unter: http://www.thomashutter.com/index.php/2010/05/facebook-die-neuen-privatsphare-einstellungen/.

McKeon, Matt: The Evolution of Privacy on Facebook, September 2010, online abzurufen unter: http://mattmckeon.com/facebook-privacy/.

Mikl-Horke, Gertraude: Sozialwissenschaftliche Perspektiven der Wirtschaft, München 2008, S. 116.

Schultze, Ulrike: Self-Serve-Internet Technology and Social Embeddness. Balancing Rationalization and Relationships, Dallas 2002, online abzurufen unter: http://seeit.mit.edu/Publications/Schultze_ICIS.pdf.

Slater, Don / Kwami, Janet: Embeddedness and escape. Internet and mobile use as poverty reduction strategies in Ghana, 2005, online abzurufen unter: http://zunia.org/uploads/media/knowledge/internet.pdf.

Spiegel Online: Mark Zuckerberg. Facebook-Boss nennt weniger Datenschutz zeitgemäß, Januar 2010, online abzurufen unter: http://www.spiegel.de/netzwelt/web/0,1518,671083,00.html.

Uzzi, Brian: Social structure and competition in interfirm networks. The paradox of embeddedness, in: Administrative Science Quarterly, Heft 42 (1997), S. 35 - 67, online abzurufen unter: https://gatton.uky.edu/faculty/ferrier/Uzzi%201997.pdf.

VZnet Netzwerke Ltd, Über uns. Daten und Fakten, Juli 2010, online abzurufen unter: http://www.studivz.net/l/about_us/1/.

XING AG, Fakten und Zahlen, Juni 2010, online abzurufen unter: http://corporate.xing.com/deutsch/investor-relations/basisinformationen/fakten-und-zahlen/.

Zuckerberg, Mark: Our First 100 Million, 2008, online abzurufen unter: http://blog.facebook.com/blog.php?post=28111272130.

Zuckerberg, Mark: 500 Million Stories, 2010, online abzurufen unter:
http://blog.facebook.com/blog.php?post=409753352130.

Alle Webseiten wurden zuletzt am 27.08.2010 abgerufen.